CW01652147

Duden Schülerhilfen

Grundrechenarten 3. Klasse

Rechnen im Zahlenraum bis 1000

Dieses Buch
wurde Ihnen überreicht
von

BROCKHAUS

Bibliografische Information der Deutschen Nationalbibliothek
Die Deutsche Nationalbibliothek verzeichnet diese Publikation in der Deutschen Nationalbibliografie; detaillierte bibliografische Daten sind im Internet über http://dnb.d-nb.de abrufbar.

Bibliographisches Institut GmbH
Dudenstraße 6, 68167 Mannheim 2004
Redaktion: Katja Schüler
Lektorat: Kattrin Stier, Aying
Herstellerische Leitung: Claudia Rönsch
Layout: Sigrid Hecker, Mannheim
Umschlagkonzept: Bender & Büwendt, Berlin
Satz und Herstellung: Katrin Kleinschrot, Stuttgart
Druck und Bindung: Heenemann GmbH & Co. KG
Bessemerstraße 83–91, 12103 Berlin
Printed in Germany
ISBN 978-3-411-70271-8

Duden Schülerhilfen

Grundrechenarten 3. Klasse

Rechnen im Zahlenraum bis 1000

von Ute Müller-Wolfangel
und Beate Schreiber

mit Illustrationen von Carsten Märtin

Dudenverlag
Mannheim · Zürich

Inhaltsverzeichnis

Die Arbeit mit diesem Buch 6

Fachbegriffe der Mathematik 9

Zahlen bis 1000 10

Der 1000er-Raum 11

Zahlen und ihre Nachbarn 13

Halbschriftliche Addition und Subtraktion 14

Rechnen mit Hunderterzahlen 14

Rechnen in mehreren Schritten 16

Halbschriftliche Addition 19

Halbschriftliche Subtraktion 23

Übungen 25

Runden und Überschlagen 26

Runden 27

Überschlagen 31

Übungen 33

Schriftliche Addition und Subtraktion 34

Schriftliche Addition ohne Übertrag 35

Schriftliche Addition mit Übertrag 39

Schriftliche Subtraktion ohne Übertrag 43

Schriftliche Subtraktion mit Übertrag 47

Übungen 51

Multiplikation und Division 52

Multiplikation mit Zehnern und Hundertern 53

Division durch Zehner und Hunderter 57

Halbschriftliche Multiplikation 61

Halbschriftliche Division ohne Rest 63

Halbschriftliche Division mit Rest 67

Lösungshilfen 69

Die Arbeit mit diesem Buch

Um Mathematik zu verstehen, musst du gut rechnen können. Und ein guter, sicherer und schneller Rechner wirst du durch häufiges Üben. In diesem Band rechnest du Plus-, Minus-, Mal- und Geteiltaufgaben im Zahlenraum bis 1000.

Dabei kannst du Neues dazulernen und Rechenwege, die du schon in der Schule gelernt hast, noch einmal durch Üben festigen.

Üben muss aber nicht langweilig sein. Deshalb findest du in diesem Band sehr viele Aufgaben in immer wieder anderer Form. Wenn du alle Aufgaben bearbeitet hast, bist du topfit im Rechnen und machst auch weniger Fehler beim Lösen von Sachaufgaben. Wir wünschen dir beim Üben Freude und viel Erfolg.

Es gibt verschiedene Möglichkeiten zu üben

1. Du kannst mit dem ersten Kapitel auf Seite 10 beginnen und eine Doppelseite nach der anderen bearbeiten, dann hast du alle wichtigen Rechenverfahren für deine Altersstufe wiederholt.

2. Wenn du in der Schule schon viel gelernt hast und nur einige Lücken schließen willst, kannst du im Inhaltsverzeichnis die entsprechenden Kapitel heraussuchen und anschließend bearbeiten.

So arbeitest du mit den einzelnen Kapiteln:

1. Sieh dir bei jeder neuen Übung das entsprechende Bild an. Lies die Sätze in den Sprechblasen.

2. Lies die Merksätze und die Beispiele im gelben Kasten aufmerksam durch. Hier werden Rechenwege erklärt. Der rote Pfeil weist dich darauf hin. Manchmal gibt es mehrere Lösungswege.

3. Bearbeite die Übungsaufgaben und schreibe deine Lösungen auf die karierten Flächen. Wenn der Platz nicht reicht, schreibe auf einem Blatt Papier weiter. Benutze einen weichen Bleistift. Dann kannst du deine Fehler leichter korrigieren.

4. Dieses Zeichen bedeutet, dass du ein Blatt kariertes Papier oder ein Rechenheft brauchst.

5. Achte auf die Hinweise, die dir der schlaue Hase gibt.

6. Wenn du die Aufgaben bearbeitet hast, kannst du deine Lösungen überprüfen. Den Lösungsteil findest du ab Seite 69.

7. Zum Nachschlagen findest du auf Seite 9 eine Liste mit den in diesem Band verwendeten wichtigsten Fachbegriffen der Mathematik in deutscher und lateinischer Sprache und als mathematisches Zeichen.

Fachbegriffe der Mathematik

E	Einer
Z	Zehner
H	Hunderter
T	Tausender

$<$	ist kleiner als
$>$	ist größer als
$=$	gleich
$\approx$	gerundet, ungefähr

$+$	Addition: plus addieren, zusammenzählen, hinzufügen
$-$	Subtraktion: minus subtrahieren, abziehen, wegnehmen
$\cdot$	Multiplikation: mal multiplizieren, malnehmen
$:$	Division: geteilt durch dividieren, teilen

Zahlen bis 1000

In diesem Leporello sind 1000 Kästchen.

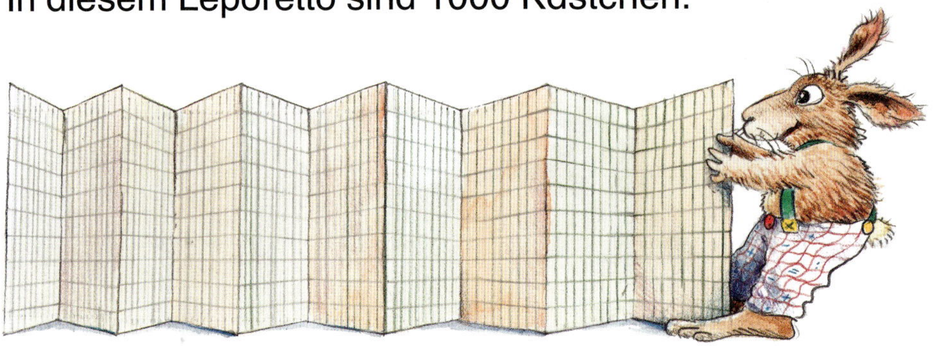

Das Leporello besteht aus 10 Seiten.

Jede Seite besteht aus

einem Hunderterfeld.

Jedes Hunderterfeld besteht aus

10 Zehnerstreifen.

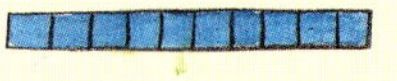

Jeder Zehnerstreifen besteht aus

10 Einern.

Der 1000er-Raum

1. Ergänze.

Zahl	Zahlenbild	H	Z	E
129		1	2	9
451		4	5	1
538		5	3	8
32		0	3	2
367		3	6	7
695		6	9	5
345		3	4	5

2. Trage die Zahlen ein.

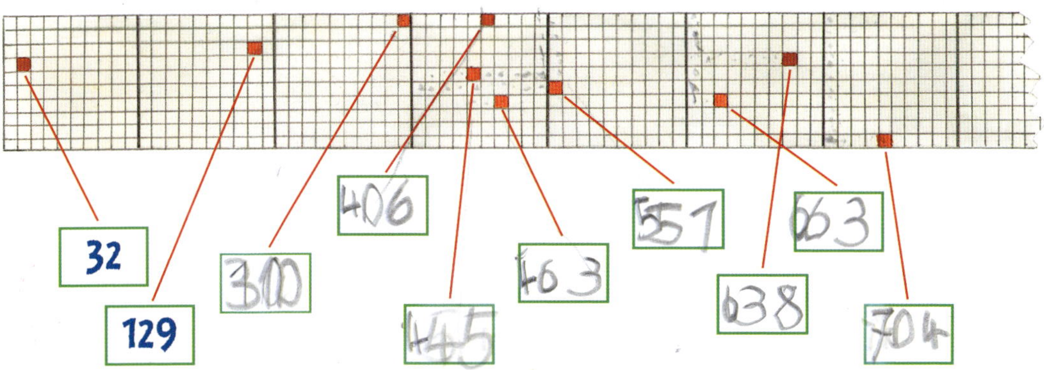

3. Welche Zahl ist größer? Setze < oder > ein.

siebenhundertzwanzig		dreihundertneunundsechzig
7 2 0	>	3 6 9
zweihundertdreiundvierzig		vierhundertfünfunddreißig
2 4 3	<	4 3 5
fünfhundertneunundachtzig		achthundertneunundfünfzig
5 8 9	<	8 5 9
sechshundertfünfundsiebzig		sechshundertsiebenundfünfzig
6 7 5	>	6 5 7

Zahlen und ihre Nachbarn

1. Trage die fehlenden Zahlen ein.

754	755	756		312			574	
	110			689			319	
	500			720			999	

2. Ergänze.

Halbschriftliche Addition und Subtraktion

Du kannst diese Aufgaben ganz schnell lösen, wenn du zuerst die leichte Aufgabe im Zehnerraum rechnest.

		4	+			2	=			6
	4	0	+		2	0	=		6	0
4	0	0	+	2	0	0	=	6	0	0

		7	–			3	=			4
	7	0	–		3	0	=		4	0
7	0	0	–	3	0	0	=	4	0	0

Rechnen mit Hunderterzahlen

1. Rechne.

500 + 300

		5	+			3	=			
	5	0								
	5	0	+		3	0	=		8	0
5	0	0	+	3	0	0	=	8	0	0

800 – 300

		8	–			3	=			5
	8	0	–		3	0	=		5	0
8	0	0	–	3	0	0	=	5	0	0

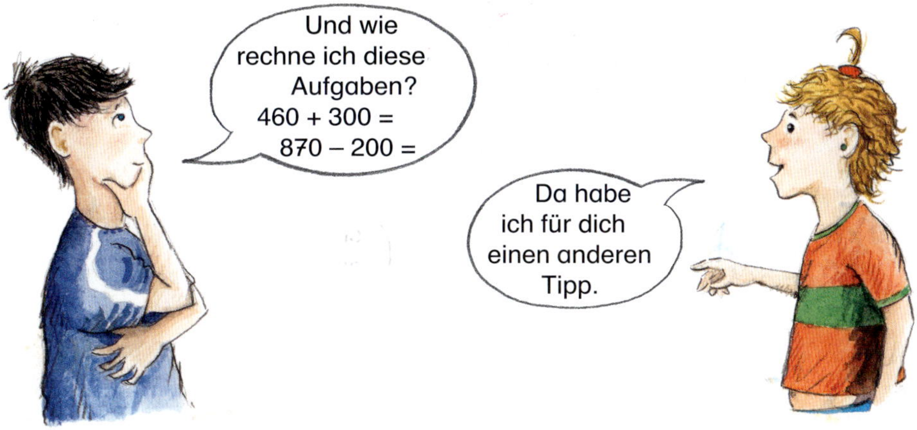

Du kannst diese Aufgaben ganz schnell lösen, wenn du zuerst die leichte Aufgabe im Hunderterraum rechnest.

	4	6	+		3	0	=		7	6
4	6	0	+	3	0	0	=	7	6	0

	8	7	–		2	0	=		6	7
8	7	0	–	2	0	0	=	6	7	0

2. Rechne.

370 + 400

	3	7	+		4	0	=	7	7	
			+				=			

680 – 400

			–				=			
			–				=			

590 + 300

			+				=			
			+				=			

930 – 500

			–				=			
			–				=			

Halbschriftliche Addition und Subtraktion

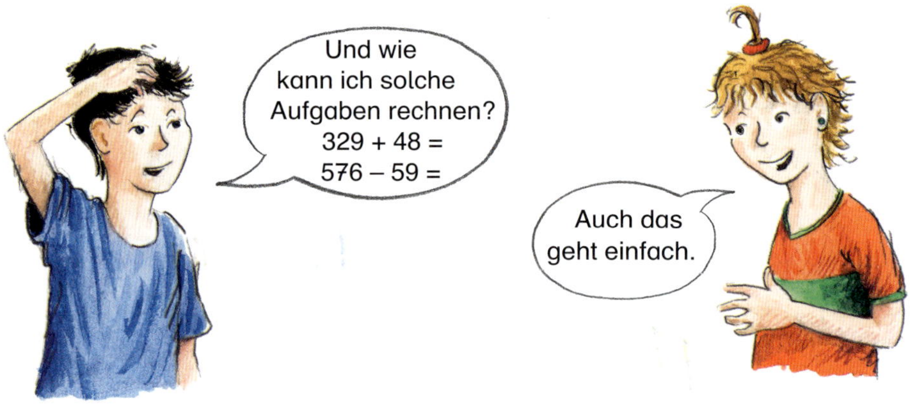

Du kannst diese Aufgaben ganz schnell lösen, wenn du zuerst die leichte Aufgabe im Hunderterraum rechnest.

	2	9	+		4	8	=		7	7
3	2	9	+		4	8	=	3	7	7

	7	6	–		5	9	=		1	7
5	7	6	–		5	9	=	5	1	7

Rechnen in mehreren Schritten

1. Rechne.

723 + 49

	2	3	+		4	9	=			
			+				=			

697 – 46

			–				=			
			–				=			

437 + 58

			+				=			
			+				=			

382 – 67

			–				=			
			–				=			

2. Fülle die Lücken aus.

So kannst du rechnen:

5	8	7	–		4	9	=	5	3	8
	8	7	–		4	9	=		3	8

Rechenweg 1

			+		4	9	=	5	8	7
			+		4	9	=		8	7

Rechenweg 2

Schreibe deinen Rechenweg auf.

Halbschriftliche Addition und Subtraktion

So kannst du rechnen:

Rechenweg 1: 457 + 238 = 695

4	0	0	+	2	0	0	=	6	0	0
	5	0	+		3	0	=		8	0
		7	+			8	=		1	5

Hunderter zu Hunderter

Zehner zu Zehner

Einer zu Einer

600 + 80 + 15 = 695

oder

Rechenweg 2: 457 + 238 = 695

4	5	7	+	2	0	0	=	6	5	7
6	5	7	+		3	0	=	6	8	7
6	8	7	+			8	=	6	9	5

Hunderter dazu

Zehner dazu

Einer dazu

Halbschriftliche Addition

1. Probiere beide Rechenwege aus.

Rechenweg 1

				4	3	4	+	2	2	9	=			
				4	0	0	+	2	0	0	=			
					3	0	+		2	0	=			
						4	+			9	=			
			+				+				=			

				5	6	9	+	3	4	7	=			
				5	0	0	+	3	0	0	=			
					6	0	+		4	0	=			
						9	+			7	=			
			+				+				=			

				6	8	3	+	1	4	7	=			
							+				=			
							+				=			
							+				=			
			+				+				=			

				3	4	5	+	2	9	8	=			
							+				=			
							+				=			
							+				=			
			+				+				=			

Rechenweg 2

1	8	7	+	3	2	8	=			
1	8	7	+	3	0	0	=			
			+		2	0	=			
			+			8	=			

5	4	2	+	4	1	3	=			
5	4	2	+	4	0	0	=			
			+		1	0	=			
			+			3	=			

3	7	6	+	5	2	5	=			
			+				=			
			+				=			
			+				=			

2	3	6	+	2	5	8	=			
			+				=			
			+				=			
			+				=			

4	6	8	+	3	7	4	=			

6	2	7	+	2	4	6	=			

2. Schreibe deinen Rechenweg auf.

7	4	5	+	1	2	7	=			

5	4	6	+	1	6	9	=			

3	3	3	+	4	8	8	=			

2	8	6	+	3	9	5	=			

			+				=			

			+				=			

Halbschriftliche Addition und Subtraktion

So kannst du rechnen:

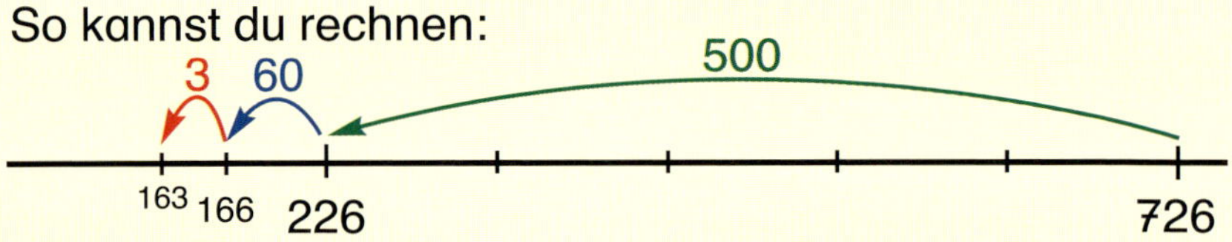

Rechenweg 1: 726 – 563 = 163

7	2	6	–	5	0	0	=	2	2	6	Hunderter weg
2	2	6	–		6	0	=	1	6	6	Zehner weg
1	6	6	–			3	=	1	6	3	Einer weg

oder

Rechenweg 2: 726 – 563 = 163

7	2	6	–			3	=	7	2	3	Einer weg
7	2	3	–		6	0	=	6	6	3	Zehner weg
6	6	3	–	5	0	0	=	1	6	3	Hunderter weg

Halbschriftliche Subtraktion

1. Probiere beide Rechenwege aus.

Rechenweg 1

6	7	8	–	2	5	4	=			
6	7	8	–	2	0	0	=			
			–		5	0	=			
			–			4	=			

5	4	3	–	2	1	9	=			
5	4	3	–	2	0	0	=			
			–		1	0	=			
			–			9	=			

4	6	3	–	3	8	6	=			
4	6	3	–	3	0	0	=			
			–				=			
			–				=			

9	1	7	–	7	2	1	=			
9	1	7	–	7	0	0	=			
			–				=			
			–				=			

Rechenweg 2

3	5	4	–	1	7	6	=			
3	5	4	–			6	=			
			–		7	0	=			
			–	1	0	0	=			

6	8	9	–	3	9	8	=			
6	8	9	–			8	=			
			–		9	0	=			
			–	3	0	0	=			

8	4	2	–	4	3	7	=			
			–				=			
			–				=			
			–				=			

7	4	3	–	5	8	5	=			
			–				=			
			–				=			
			–				=			

2. Bilde aus den Ziffernkärtchen die größte und die kleinste Zahl.

7 4 1

Rechne eine Plus- und eine Minusaufgabe.

3. Ergänze die Rechenmauern.

Übungen

1. Addiere die Zahlen mit gleicher Farbe.
Benutze Rechenweg 1 oder 2.

329   148   139

472

768   245

2. Übe deinen Rechenweg.

647 + 179 = ...   633 – 317 = ...

267 + 608 = ...   724 – 618 = ...

329 + 517 = ...   446 – 204 = ...

275 + 638 = ...   829 – 435 = ...

526 + 279 = ...   387 – 189 = ...

432 + ... = 721

.... + 547 = 934

843 – .... = 468

.... – 352 = 229

756 – .... = 587

Runden und Überschlagen

Wenn du einen Überschlag beim Lösen von Aufgaben machen willst, musst du runden können.

Regel für das Runden auf den Zehner

Unter 5 wird abgerundet: 48**1**, 48**2**, 48**3**, 48**4** ≈ **480**

(≈ sprich: gerundet)

Ab 5 wird aufgerundet: 23**5**, 23**6**, 23**7**, 23**8**, 23**9** ≈ **240**

Regel für das Runden auf den Hunderter

Unter 50 wird abgerundet: 2**38** ≈ **200**

Ab 50 wird aufgerundet: 4**83** ≈ **500**

Wenn du Zahlen in einem Größenbereich rundest, dann wird dieses Zeichen nicht mehr gerundet sondern ungefähr gesprochen; z. B. 3,78 € ≈ 4,00 €.
Sprich: Drei Euro achtundsiebzig sind ungefähr vier Euro.

Runden

1. Runde zum Zehner!

687	≈	
518	≈	520
326	≈	
954	≈	
192	≈	
408	≈	
733	≈	

2. Welche Zahlen sind möglich?

dazugehörige ungerundete Zahlen

940										
270										
860										

Runden und Überschlagen

3. Runde zum Hunderter.

354	≈	
733	≈	
326	≈	
408	≈	
518	≈	
687	≈	
192	≈	

4. Ergänze die Steckbriefe.
Färbe die richtig gerundeten Felder ein: zum Zehner gerundet gelb und zum Hunderter gerundet orange!

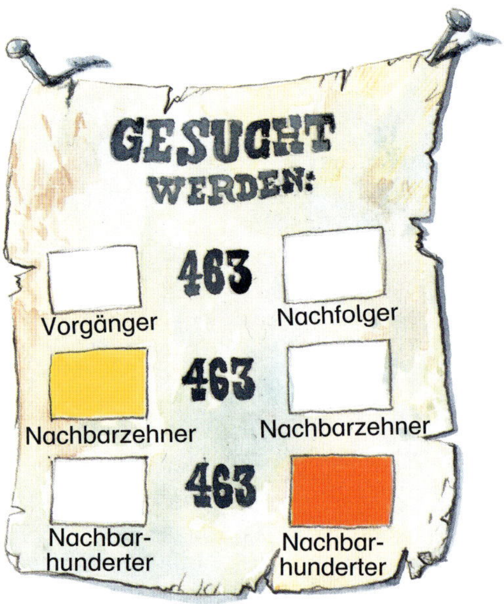

GESUCHT
WERDEN:
728
Vorgänger
Nachfolger
728
Nachbarzehner
Nachbarzehner
728
Nachbar-hunderter
Nachbar-hunderter

GESUCHT
WERDEN:
999
Vorgänger
Nachfolger
999
Nachbarzehner
Nachbarzehner
999
Nachbar-hunderter
Nachbar-hunderter

Runden und Überschlagen

Wenn du eine Aufgabe überschlagen willst, rechnest du mit gerundeten Zahlen.

483 + 238 = ...

1. Möglichkeit, auf den **Hunderter** zu runden:

500 + 200 = 700

2. Möglichkeit, auf den **Zehner** zu runden:

480 + 240 = 720

Wenn du auf den Hunderter rundest, wird das Ergebnis in der Regel ungenauer, aber du kannst schneller die Überschlagsrechnung machen.

Rechne jetzt die Aufgabe aus!

				4	8	3	+	2	3	8	=			

Überschlagen

1. Überschlage zuerst.

625 + 243 =

376 + 228 =

278 + 199 =

597 – 254 =

748 – 162 =

963 – 229 =

2. Rechne jetzt die Aufgaben halbschriftlich und vergleiche sie mit der Überschlagsrechnung.

3. Zu welcher Überschlagsrechnung gehört welches Kärtchen? Ordne die Aufgabenkärtchen zu den Überschlagsrechnungen:

→ auf den Hunderter gerundet

→ auf den Zehner gerundet

261 + 428

318 + 431

523 + 274

723 + 262

476 + 323

Rechne genau.

Übungen

Rechne mit den Zahlenbeispielen oben:

1. Runde und überschlage zuerst

a) zum Hunderter:

Bsp.: **378 + 244 =** ....

400 + 200 = 600

b) zum Zehner:

Bsp.: **378 + 244 =** ....

380 + 240 = 620

Rechne mit den gerundeten Zahlen.

2. Rechne jetzt die Aufgaben genau aus.

Schriftliche Addition und Subtraktion

Schreibe so:

	H	Z	E
	3	4	5
+	1	2	3

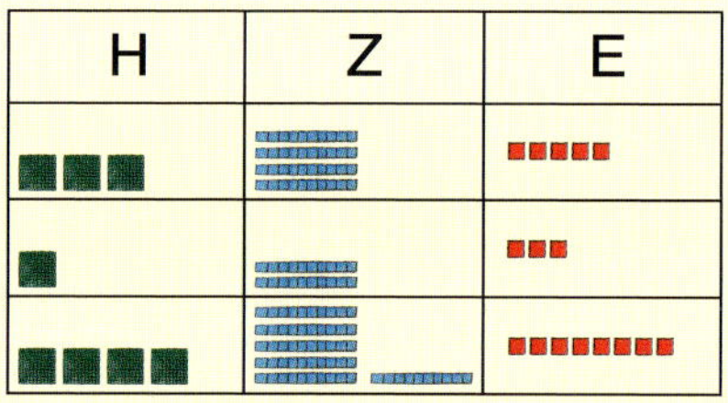

	H	Z	E
	3	4	5
+	1	2	3
	4	6	8

Beginne mit dem Addieren immer bei der unteren Zahl. Zuerst musst du die Einer, dann die Zehner und zum Schluss die Hunderter addieren.

Merke dir:

1. Von unten nach oben
2. Von rechts nach links

```
  345
+ 123
```

Schriftliche Addition ohne Übertrag

1. Rechne.

2. Schreibe untereinander und rechne.

245 + 332

41 + 218 + 540

162 + 621

316 + 402 + 251

431 + 256

612 + 53 + 204

	2	4	5
+	3	3	2

3. Bilde aus den 3 gleichen Farbwürfeln die größte und die kleinste Zahl und addiere diese.

Schriftliche Addition und Subtraktion

Schreibe so:

	H	Z	E
	3	5	7
+	2	3	8

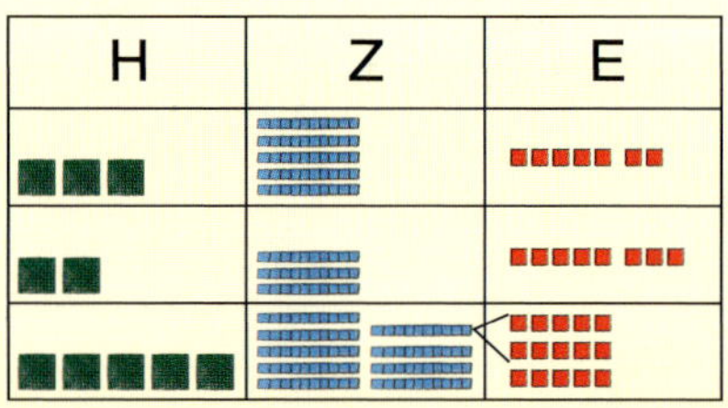

	H	Z	E
	3	5	7
+	2	3	8
		1	
	5	9	5

Du rechnest:

8 plus 7 gleich 15

schreibe 5, übertrage 1

1 plus 3 plus 5 gleich 9

2 plus 3 gleich 5

Schriftliche Addition mit Übertrag

1. Rechne.

	5	4	8
+	2	2	3

	3	8	4
+	4	6	3
	1		
	8	4	7

	3	2	9
+	6	5	4

	6	7	2
+	2	4	7

	2	6	4
+	6	4	5

	4	0	7
+	2	6	9

	7	7	8
+	1	4	3

2. Schreibe untereinander und rechne.

	Ergebnis

Wer hat die höchste Zahl erreicht?

$$\begin{array}{r} 294 \\ 418 \\ +\;\;98 \\ \hline \end{array}$$

3. Rechne die Mauern aus. Rechne zuerst schriftlich auf dem karierten Papier.

	4	2	8
+	1	3	7

Schriftliche Addition und Subtraktion

Schreibe so:

	H	Z	E
	6	9	4
–	2	5	3
	4	4	1

Du rechnest wieder schrittweise:

Beginne wieder bei den Einern:

3 + … = 4 → 3 + 1 = 4, schreibe 1

Dann rechne die Zehner:

5 + … = 9 → 5 + 4 = 9, schreibe 4

Zuletzt rechne die Hunderter:

2 + … = 6 → 2 + 4 = 6, schreibe 4

Beginne auch beim Subtrahieren immer bei der unteren Zahl. Zuerst musst du die Einer, dann die Zehner und zum Schluss die Hunderter rechnen.

Schriftliche Subtraktion ohne Übertrag

1. Rechne.

	7	5	6
–	4	2	3

	6	4	8
–	1	3	6

	3	7	9
–	2	6	3

	5	7	9
–	3	1	8

	8	3	7
–	7	1	2

	9	5	8
–	5	2	1

	9	9	9
–	6	5	4

	4	8	6
–	2	4	3

Schriftliche Addition und Subtraktion

2. Schreibe untereinander und rechne.

	5	7	4
−	2	6	3

3. Ergänze die abgedeckten Ziffern.

	4		6
+		1	
	7	3	8

		5	
+	3	4	7
	6		9

	5		5
–	3	1	
		7	2

	6	3	
–		2	4
	2		3

	2		4
+	4	3	
		6	7

		5	2
+	4		6
	9	8	

		6	4
–	5		
	3	4	4

		7	9
–	1		6
	6	5	

Schriftliche Addition und Subtraktion

Schreibe so:

	H	Z	E
	5	7	3
–	2	5 (Übertrag 1)	7
	3	1	6

Du beginnst wieder bei der Einerstelle und rechnest schrittweise:

Einer: 7 + … = 13 ➜ 7 + 6 = 13, schreibe 6, übertrage 1.

Zehner: 1 + 5 + … = 7 ➜ 6 + 1 = 7, schreibe 1.

Hunderter: 2 + … = 5 ➜ 2 + 3 = 5, schreibe 3.

Schriftliche Subtraktion mit Übertrag

1. Rechne.

	7	4	1
–	3	2	7
		1	
	4	1	4

	8	4	3
–	6	2	9

	5	3	8
–	1	5	9

	5	9	3
–	3	3	9

	6	4	5
–	2	9	6

	6	7	4
–	3	4	8

	4	3	2
–	2	4	3

	9	0	3
–	3	9	6

2. Schreibe untereinander und rechne.
Trage die Ergebnisse ins Kreuzzahlenrätsel ein.

Senkrecht ↓

1 **A** 834 – 618
2 **B** 1000 – 688
3 **C** 972 – 591
6 **F** 723 – 207
7 **G** 741 – 265
8 **H** 942 – 229
9 **I** 1000 – 474

Waagerecht →

1 **A** 678 – 435
4 **D** 829 – 661
5 **E** 913 – 261
7 **G** 741 – 274
10 **K** 555 – 373
11 **L** 1000 – 377

A		B		C
		D		
E	F			
G		H		I
		K		
L				

3. Immer 1000!

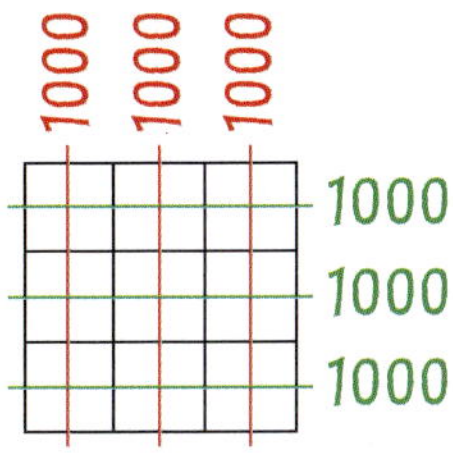

641		151
211		175

```
  641      1000
+ 151    –  792
-----    ------
  792
```

4. Ergänze die Zahlen.

519	806	423
+ 423	− 519	+
1		
942		

Übungen

Rechne alle Übungsaufgaben in diesem Übungskasten schriftlich.

1. Lies und rechne.

a) achthundertvierunddreißig minus dreihunderteinundzwanzig

b) siebenhundertvierundachtzig minus zweihundertzweiundfünfzig

c) neunhundertdreiundzwanzig minus vierhundertsechsundfünfzig

d) fünfhunderteinundvierzig minus dreihundertsiebenundsechzig

2. Bilde Aufgaben. Das Ergebnis soll genau 750 sein.
Überschlage zuerst.

337	534	276	287	468	+	474	282	463	216	413	242

3. Fülle die Tabelle aus.

+	332		288
243			
479		724	
567			

4. Setze >, <, = ein.

973 – 418	◯	462 + 87
342 + 256	◯	912 – 314
246 + 419	◯	1000 – 318
802 – 376	◯	287 + 179

Multiplikation und Division

So kannst du **4 · 200** rechnen:

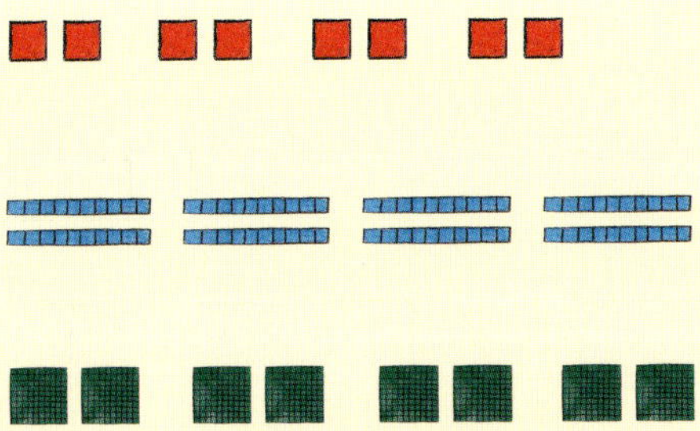

4 · 2	4 · 2 = 8
4 · 20	4 · 20 = 80
4 · 200	4 · 200 = 800

Bei der Multiplikation mit Zehnerzahlen und Hunderterzahlen hilft dir das kleine Einmaleins.

Multiplikation mit Zehnern und Hundertern

1. Immer 2 Kärtchen gehören zusammen. Rechne die Kärtchen aus.

$9 \cdot 30$ $3 \cdot 5$

$4 \cdot 8$ $4 \cdot 800$ $7 \cdot 60$

$7 \cdot 6$ $9 \cdot 3$

$8 \cdot 70$ $8 \cdot 7$ $300 \cdot 5$

2. Multipliziere.

3 · 1 = 3
3 · 10 = 30
3 · 100 = 300

7 · 1 = 7
7 · 10 = 70
7 · 100 = 700

5 · 1 = 5
5 · 10 = 50
5 · 100 = 500

2 · 4 = 8
2 · 40 = 80
2 · 400 = 800

3 · 3 = 9
3 · 30 = 90
3 · 300 = 900

9 · 1 = 9
9 · 10 = 90
9 · 100 = 900

2 · 3 = 6
20 · 3 = 60
200 · 3 = 600

1 · 8 = 8
10 · 8 = 80
100 · 8 = 800

2 · 4 = 8
20 · 4 = 80
200 · 4 = 800

3. Schreibe und rechne zuerst die Aufgabe des kleinen Einmaleins.

$7 \cdot 40 =$ ....

$3 \cdot 300 =$ ....

$9 \cdot 70 =$ ....

$8 \cdot 60 =$ ....

$9 \cdot 30 =$ ....

$80 \cdot 5 =$ ....

$6 \cdot 100 =$ ....

$30 \cdot 6 =$ ....

$5 \cdot 200 =$ ....

4. Fülle die Tabelle aus.

·	30	60	50	90
4	120	240	200	360
7	210	420	350	840
9	270	540	450	810
5	150	300	250	450

Multiplikation und Division

Du kannst die Aufgabe **200 : 40** ganz schnell lösen, wenn du zuerst die leichte Aufgabe rechnest.

$20 : 4 = 5$

$200 : 40 = 5$

Division durch Zehner und Hunderter

1. Schreibe und rechne zuerst die leichte Aufgabe.

270 : 30 = ...

560 : 80 = ...

320 : 40 = ...

350 : 70 = ...

360 : 60 = ...

540 : 90 = ...

120 : 3 = ...

420 : 7 = ...

350 : 5 = ...

240 : 6 = ...

640 : 8 = ...

280 : 4 = ...

2. Finde zu jeder Aufgabe zwei verwandte Aufgaben und rechne aus.

3. Fülle die Tabellen aus.

:	4	10	60
360			
240			
120			

:	30	2	6
180			
240			
300			

:	20	200	40	400
400				
800				

Multiplikation und Division

Du kannst solche Aufgaben ganz schnell lösen, wenn du schrittweise rechnest. Es gibt verschiedene Rechenwege.

Rechenweg 1		Rechenweg 2
$8 \cdot 12 = 96$		$8 \cdot 12 = 96$
$8 \cdot 10 = 80$	oder	$8 \cdot 2 = 16$
$8 \cdot 2 = 16$		$8 \cdot 10 = 80$

Rechenweg 1

Rechenweg 2

oder

·	10	2	
8	80	16	
			96

$8 \cdot 10 = 80$

$8 \cdot 2 = 16$

$80 + 16 = 96$

Rechenweg 3: das Malkreuz

Halbschriftliche Multiplikation

1. Probiere alle drei Rechenwege aus.

Rechenweg 1

6 · 17 =

9 · 13 =

Rechenweg 2

3 · 19 =

5 · 18 =

Rechenweg 3

7 · 12 =

6 · 13 =

2. Suche dir einen Rechenweg aus und löse die Aufgaben. Denke an die Tauschaufgaben.

15 · 5 = ...

18 · 7 = ...

17 · 6 = ...

Multiplikation und Division

Du kannst diese Aufgaben schnell lösen, wenn du in mehreren Schritten rechnest. Du brauchst dazu das Einmaleins.

544 = 400 + 120 + 24

544 : 4 = 136

400 : 4 = 100

120 : 4 = 30

24 : 4 = 6

100 + 30 + 6 = 136

Probe:

·	100	30	6	
4	400	120	24	
				544

Halbschriftliche Division ohne Rest

1. Rechne und mache die Probe.

285 : 5 = ... 756 : 6 = ...

285 = 200 + 50 + 35 ....

2. Fülle die Häuser aus und überprüfe mit der Probe.

3. Rechne und schreibe die Ergebnisse ins Kreuzzahlenrätsel.

Senkrecht ↓

A 6 · 17
B 670 : 5
C 4 · 91
F 43 · 4
G 54 · 8
H 8 · 94
I 245 : 7
K 336 : 4

Waagerecht →

A 9 · 19
D 4 · 79
E 642 : 3
H 576 : 8
I 4 · 82
L 5 · 45

A		B		C
		D		
E	F			
			G	
H				
		I		K
L				

4. Fülle das Rad aus und mache die Probe.

4 5 5 : 7 =

4 2 0 : 7 =
3 5 : 7 =

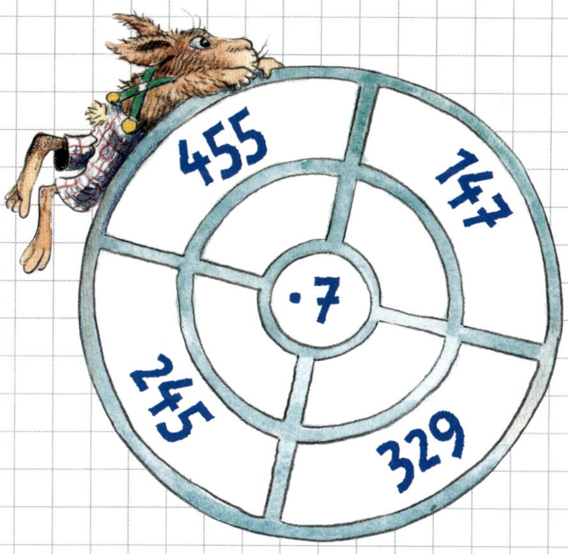

Multiplikation und Division

So kannst du es rechnen und aufschreiben:

Rechne in mehreren Schritten! Du brauchst das Einmaleins.

Zuerst versuchst du die Anfangszahl **673** so weit wie möglich in ein Vielfaches von **5** zu zerlegen:

673 = 500 + 150 + 23

673 : 5 =

500 : 5 = 100

150 : 5 = 30

23 : 5 = 4 Rest 3

673 : 5 = 134 Rest 3

Probe:

·	5	
100	500	
30	150	
4	20	
		670

670 + 3 = 673

Halbschriftliche Division mit Rest

1. Rechne und mache die Probe.

779 : 7 = ...

779 = 700 + 70 + 9

703 : 3 = ...

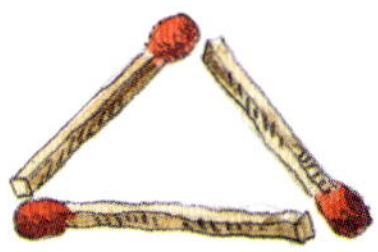

....

567 : 4 = ...

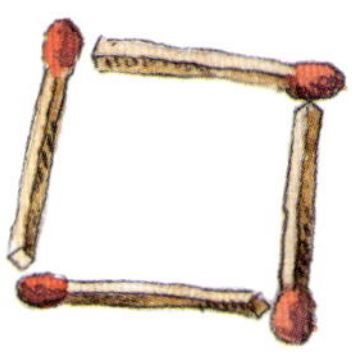

....

2. Welches Kärtchen gehört in welche Truhe?

647 : 2

626 : 7

243 : 7

939 : 6

689 : 9

257 : 6

493 : 4

890 : 7

783 : 5

647 = 600 + 40 + 7
647 : 2 = 323 Rest 1
600 : 2 = 300
40 : 2 = 20
7 : 2 = 3 Rest 1

Lösungshilfen

Seite 11/12

1.

Zahl	Zahlenbild	Stellenwerttafel H	Z	E
129	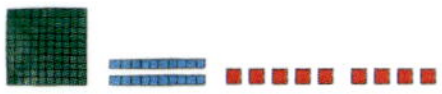	1	2	9
451	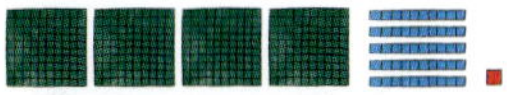	4	5	1
538		5	3	8
32			3	2
367		3	6	7
695		6	9	5
345	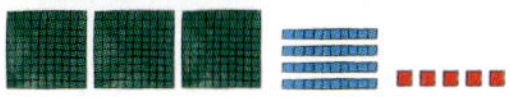	3	4	5

2. 32, 129, 210, 306, 345, 367, 451, 538, 563, 695

3. 243 < 435; 589 < 859; 675 > 657

Seite 13

1.
754; 755; 756 — 311; 312; 313 — 573; 574; 575
109; 110; 111 — 688; 689; 690 — 318; 319; 320
499; 500; 501 — 719; 720; 721 — 998; 999; 1000

2.

101	102	103	104
111	112	113	
121	122		
131			
141			
151	152		

617			
627	628		
	638	639	640

344		346	
354	355	356	357
	365	366	
		376	

Seite 14/15

1.
5 + 3 = 8 — 8 − 3 = 5
50 + 30 = 80 — 80 − 30 = 50
500 + 300 = 800 — 800 − 300 = 500

2.
37 + 40 = 77 — 68 − 40 = 28
370 + 400 = 770 — 680 − 400 = 280
59 + 30 = 89 — 93 − 50 = 43
590 + 300 = 890 — 930 − 500 = 430

Seite 16/17

1.

23 + 49 = 72
723 + 49 = 772

37 + 58 = 95
437 + 58 = 495

97 − 46 = 51
697 − 46 = 651

82 − 67 = 15
382 − 67 = 315

2.

587 − 16 = 571
87 − 16 = 71
571 + 16 = 587
71 + 16 = 87

587 − 38 = 549
87 − 38 = 49
549 + 38 = 587
49 + 38 = 87

587 − 70 = 517
87 − 70 = 17
517 + 70 = 587
17 + 70 = 87

587 − 67 = 520
87 − 67 = 20
520 + 67 = 587
20 + 67 = 87

587 − 25 = 562
87 − 25 = 62
562 + 25 = 587
62 + 25 = 87

587 − 52 = 535
87 − 52 = 35
535 + 52 = 587
35 + 52 = 87

587 − 79 = 508
87 − 79 = 8
508 + 79 = 587
8 + 79 = 87

Seite 19/20

1. Rechenweg 1

434 + 229 = 663
400 + 200 = 600
30 + 20 = 50
4 + 9 = 13
600 + 50 + 13 = 663

569 + 347 = 916
500 + 300 = 800
60 + 40 = 100
9 + 7 = 16
800 + 100 + 16 = 916

683 + 147 = 830
600 + 100 = 700
80 + 40 = 120
3 + 7 = 10
700 + 120 + 10 = 830

345 + 298 = 643
300 + 200 = 500
40 + 90 = 130
5 + 8 = 13
500 + 130 + 13 = 643

Rechenweg 2

187 + 328 = 515	542 + 413 = 955	468 + 374 = 842
187 + 300 = 487	542 + 400 = 942	468 + 300 = 768
487 + 20 = 507	942 + 10 = 952	768 + 70 = 838
507 + 8 = 515	952 + 3 = 955	838 + 4 = 842
376 + 525 = 901	236 + 258 = 494	627 + 246 = 873
376 + 500 = 876	236 + 200 = 436	627 + 200 = 827
876 + 20 = 896	436 + 50 = 486	827 + 40 = 867
896 + 5 = 901	486 + 8 = 494	867 + 6 = 873

Seite 21

2. Rechenweg 1

745 + 127 = 872	
700 + 100 = 800	
40 + 20 = 60	
5 + 7 = 12	
800 + 60 + 12 = 872	
546 + 169 = 715	
500 + 100 = 600	
40 + 60 = 100	
6 + 9 = 15	
600 + 100 + 15 = 715	
333 + 488 = 821	
300 + 400 = 700	
30 + 80 = 110	
3 + 8 = 11	
700 + 110 + 11 = 821	
286 + 395 = 681	
200 + 300 = 500	
80 + 90 = 170	
6 + 5 = 11	
500 + 170 + 11 = 681	

Rechenweg 2

745 + 127 = 872
745 + 100 = 845
845 + 20 = 865
865 + 7 = 872
546 + 169 = 715
546 + 100 = 646
646 + 60 = 706
706 + 9 = 715
333 + 488 = 821
333 + 400 = 733
733 + 80 = 813
813 + 8 = 821
286 + 395 = 681
286 + 300 = 586
586 + 90 = 676
676 + 5 = 681

Seite 23

1. Rechenweg 1

678 – 254 = 424

678 – 200 = 478
478 – 50 = 428
428 – 4 = 424

543 – 219 = 324

543 – 200 = 343
343 – 10 = 333
333 – 9 = 324

463 – 386 = 77

463 – 300 = 163
163 – 80 = 83
83 – 6 = 77

917 – 721 = 196

917 – 700 = 217
217 – 20 = 197
197 – 1 = 196

Rechenweg 2

354 – 176 = 178

354 – 6 = 348
348 – 70 = 278
278 – 100 = 178

689 – 398 = 291

689 – 8 = 681
681 – 90 = 591
591 – 300 = 291

842 – 437 = 405

842 – 7 = 835
835 – 30 = 805
805 – 400 = 405

743 – 585 = 158

743 – 5 = 738
738 – 80 = 658
658 – 500 = 158

Seite 24

2. Rechenweg 1

741 – 174 = 567

741 – 100 = 641
641 – 70 = 571
571 – 4 = 567

741 + 174 = 915

741 + 100 = 841
841 + 70 = 911
911 + 4 = 915

Rechenweg 2

741 – 174 = 567

741 – 4 = 737
737 – 70 = 667
667 – 100 = 567

741 + 174 = 915

741 + 4 = 745
745 + 70 = 815
815 + 100 = 915

3.

	888	
412		476
238	174	302

	881		
	467	414	
210	257	157	
91	119	138	19

Seite 25

1.

472	+	148	=	620	329	+	245	=	574	139	+	768	=	907

2.

647	+	179	=	826	633	–	317	=	316	432	+	289	=	721
267	+	608	=	875	724	–	618	=	106	387	+	547	=	934
329	+	517	=	846	446	–	204	=	242	843	–	375	=	468
275	+	638	=	913	829	–	435	=	394	581	–	352	=	229
526	+	279	=	805	387	–	189	=	198	756	–	169	=	587

Seite 27–29

1. 518 ≈ 520, 687 ≈ 690; 954 ≈ 950; 326 ≈ 330; 192 ≈ 190; 408 ≈ 410; 733 ≈ 730

2. 940: 935; 936; 937; 938; 939; 940; 941; 942; 943; 944
270: 265; 266; 267; 268; 269; 270; 271; 272; 273; 274
860: 855; 856; 857; 858; 859; 860; 861; 862; 863; 864

3. 354 ≈ 400; 408 ≈ 400; 518 ≈ 500; 733 ≈ 700; 326 ≈ 300; 192 ≈ 200; 687 ≈ 700

4.

462	463	464	727	728	729	998	999	1000
460	463	470	720	728	730	990	999	1000
400	463	500	700	728	800	900	999	1000

Seite 30

483	+	238	=	721
483	+	200	=	683
683	+	30	=	713
713	+	8	=	721

oder

		483	+	238	=	721
		400	+	200	=	600
		80	+	30	=	110
		3	+	8	=	11
600	+	110	+	11	=	721

Seite 31/32

1.

600	+	200	=	800	630	+	240	=	870
400	+	200	=	600	380	+	230	=	610
300	+	200	=	500	280	+	200	=	480
600	–	300	=	300	600	–	250	=	350
700	–	200	=	500	750	–	160	=	590
1000	–	200	=	800	960	–	230	=	730

2.
625 + 243 = 868
376 + 228 = 604
278 + 199 = 477
597 − 254 = 343
748 − 162 = 586
963 − 229 = 734

3.
261 + 428 = 689
318 + 431 = 749
523 + 274 = 797
723 + 262 = 985
476 + 323 = 799

300 + 400
720 + 260
500 + 300
700 + 300
480 + 320
260 + 430
320 + 430
520 + 270

Seite 33

1./2.

500 − 400 = 100	700 + 100 = 800	700 − 200 = 500
530 − 390 = 140	660 + 130 = 790	710 − 240 = 470
526 − 387 = 139	658 + 126 = 784	706 − 237 = 469
1000 − 500 = 500	800 + 200 = 1000	300 + 500 = 800
990 − 520 = 470	760 + 170 = 930	310 + 490 = 800
987 − 518 = 469	761 + 172 = 933	308 + 489 = 797

Seite 35–37

1.

207	632	428	56	160	304
+ 541	+ 347	+ 61	+ 723	+ 837	+ 695
748	979	489	779	997	999

2.

245	162	431	316	41	612
+ 332	+ 621	+ 256	402	218	53
577	783	687	+ 251	+ 540	+ 204
			969	799	869

3.

632	541	432	731	841	543
+ 236	+ 145	+ 234	+ 137	+ 148	+ 345
868	686	666	868	989	888

Seite 39–41

1.

548	329	672	264	407	778
+ 223	+ 654	+ 247	+ 645	+ 269	+ 143
1	1	1	1	1	11
771	983	919	909	676	921

2.

294	376	333	67
418	148	149	289
+ 98	+ 218	+ 237	+ 351
22	12	11	21
810	742	719	707

3.

Seite 43–45

1.

756	379	648	837	579	958
− 423	− 263	− 136	− 712	− 318	− 521
333	116	512	125	261	437

486	999
− 243	− 654
243	345

2.

574	876	865	382	759	489
− 263	− 462	− 342	− 241	− 236	− 325
311	414	523	141	523	164

674	897	982	629
− 434	− 643	− 531	− 217
240	254	451	412

3.

426	352	585	637	234	552
+ 312	+ 347	− 313	− 424	+ 433	+ 436
738	699	272	213	667	988

864	779
− 520	− 126
344	653

Seite 47–50

1.

843	593	538
− 629	− 339	− 159
1	1	11
214	254	379

645	674	432	903
− 296	− 348	− 243	− 396
11	1	11	11
349	326	189	507

2.

A 2	4	B 3		C 3
1		D 1	6	8
E 6	F 5	2		1
	1			
G 4	6	H 7		I 5
7		K 1	8	2
L 6	2	3		6

3.

1000	151	1000	175	1000	211
− 792	+ 175	− 326	+ 211	− 386	+ 641
111	1	111		111	
208	326	674	386	614	852

1000	148	208	1000
− 852	+ 674	+ 614	− 822
111	11	1	111
148	822	822	178

641	208	151
148	178	674
211	614	175

4.

806	423	927	983	335	529
− 519	+ 287	− 279	− 648	+ 279	− 376
11	11	11	1	11	1
287	730	648	335	614	153

651	498
− 153	+ 376
11	11
498	874

Seite 51

1.

834	784	923	541
− 321	− 252	− 456	− 367
		11	11
513	532	467	174

2.

337	534	276	287	468
+ 413	+ 216	+ 474	+ 463	+ 282
1	1	11	11	11
750	750	750	750	750

3.

+	332	245	288
243	575	488	531
479	811	724	767
567	899	812	855

4.

973 − 418 > 462 + 87
342 + 256 = 912 − 314
246 + 419 < 1000 − 318
802 − 376 < 287 + 179

Seite 53–55

1.

4 · 8 = 32
4 · 800 = 3200

3 · 5 = 15
300 · 5 = 1500

8 · 7 = 56
8 · 70 = 560

7 · 6 = 42
7 · 60 = 420

9 · 3 = 27
9 · 30 = 270

2.

$3 \cdot 1 = 3$
$3 \cdot 10 = 30$
$3 \cdot 100 = 300$

$7 \cdot 1 = 7$
$7 \cdot 10 = 70$
$7 \cdot 100 = 700$

$5 \cdot 1 = 5$
$5 \cdot 10 = 50$
$5 \cdot 100 = 500$

$2 \cdot 4 = 8$
$2 \cdot 40 = 80$
$2 \cdot 400 = 800$

$3 \cdot 3 = 9$
$3 \cdot 30 = 90$
$3 \cdot 300 = 900$

$9 \cdot 1 = 9$
$9 \cdot 10 = 90$
$9 \cdot 100 = 900$

$2 \cdot 3 = 6$
$20 \cdot 3 = 60$
$200 \cdot 3 = 600$

$1 \cdot 8 = 8$
$10 \cdot 8 = 80$
$100 \cdot 8 = 800$

$2 \cdot 4 = 8$
$20 \cdot 4 = 80$
$200 \cdot 4 = 800$

3.

$7 \cdot 4 = 28$
$7 \cdot 40 = 280$

$3 \cdot 3 = 9$
$3 \cdot 300 = 900$

$9 \cdot 7 = 63$
$9 \cdot 70 = 630$

$8 \cdot 6 = 48$
$8 \cdot 60 = 480$

$9 \cdot 3 = 27$
$9 \cdot 30 = 270$

$8 \cdot 5 = 40$
$80 \cdot 5 = 400$

$6 \cdot 1 = 6$
$6 \cdot 100 = 600$

$3 \cdot 6 = 18$
$30 \cdot 6 = 180$

$5 \cdot 2 = 10$
$5 \cdot 200 = 1000$

4.

·	30	60	50	90
4	120	240	200	360
7	210	420	350	630
9	270	540	450	810
5	150	300	250	450

Seite 57–59

1.

$27 : 3 = 9$
$270 : 30 = 9$

$56 : 8 = 7$
$560 : 80 = 7$

$32 : 4 = 8$
$320 : 40 = 8$

$35 : 7 = 5$
$350 : 70 = 5$

$36 : 6 = 6$
$360 : 60 = 6$

$54 : 9 = 6$
$540 : 90 = 6$

$12 : 3 = 4$
$120 : 3 = 40$

$42 : 7 = 6$
$420 : 7 = 60$

$24 : 6 = 4$
$240 : 6 = 40$

$35 : 5 = 7$
$350 : 5 = 70$

$28 : 4 = 7$
$280 : 4 = 70$

$64 : 8 = 8$
$640 : 8 = 80$

2.

$48 : 8 = 6$
$480 : 8 = 60$
$480 : 80 = 6$

$36 : 4 = 9$
$360 : 4 = 90$
$360 : 40 = 9$

$21 : 7 = 3$
$210 : 7 = 30$
$210 : 70 = 3$

$72 : 9 = 8$
$720 : 9 = 80$
$720 : 90 = 8$

3.

:	4	10	60
360	90	36	6
240	60	24	4
120	30	12	2

:	30	2	6
180	6	90	30
240	8	120	40
300	10	150	50

:	20	200	40	400
400	20	2	10	1
800	40	4	20	2

Seite 61

1.

6 · 17 = 102
6 · 10 = 60
6 · 7 = 42

9 · 13 = 117
9 · 10 = 90
9 · 3 = 27

3 · 19 = 57
3 · 9 = 27
3 · 10 = 30

5 · 18 = 90
5 · 8 = 40
5 · 10 = 50

·	10	2	
7	70	14	
			84

·	10	3	
6	60	18	
			78

2. 15 · 5 = 75 18 · 7 = 126 17 · 6 = 102

Seite 63–65

1. 285 : 5 =
285 = 200 + 50 + 35

285 : 5 = 57
200 : 5 = 40
50 : 5 = 10
35 : 5 = 7

·	50	7	
5	250	35	
			285

756 : 6 =
756 = 600 + 120 + 36

756 : 6 = 126
600 : 6 = 100
120 : 6 = 20
36 : 6 = 6

·	100	20	6	
6	600	120	36	
				756

2.

465 = 400 + 50 + 15

465 : 5 = 93
400 : 5 = 80
50 : 5 = 10
15 : 5 = 3

·	90	3	
5	450	15	
			465

765 = 500 + 250 + 15

765 : 5 = 153
500 : 5 = 100
250 : 5 = 50
15 : 5 = 3

·	100	50	3	
5	500	250	15	
				765

378 = 300 + 60 + 18

378 : 3 = 126
300 : 3 = 100
60 : 3 = 20
18 : 3 = 6

·	100	20	6	
3	300	60	18	
				378

768 = 600 + 150 + 18

768 : 3 = 256
600 : 3 = 200
150 : 3 = 50
18 : 3 = 6

·	200	50	6	
3	600	150	18	
				768

3.

A 1	7	B 1		C 3
0		D 3	1	6
E 2	F 1	4		4
	7		G 4	
H 7	2		3	
5		I 3	2	K 8
L 2	2	5		4

4.

455 = 420 + 35

455 : 7 = 65
420 : 7 = 60
35 : 7 = 5

245 = 210 + 35

245 : 7 = 35
210 : 7 = 30
35 : 7 = 5

147 = 140 + 7

147 : 7 = 21
140 : 7 = 20
7 : 7 = 1

329 = 280 + 49

329 : 7 = 47
280 : 7 = 40
49 : 7 = 7

Seite 67/68

1.

779 = 700 + 70 + 9
779 : 7 = 111 Rest 2
700 : 7 = 100
70 : 7 = 10
9 : 7 = 1 Rest 2

703 = 600 + 90 + 13
703 : 3 = 234 Rest 1
600 : 3 = 200
90 : 3 = 30
13 : 3 = 4 Rest 1

567 = 400 + 160 + 7
567 : 4 = 141 Rest 3
400 : 4 = 100
160 : 4 = 40
7 : 4 = 1 Rest 3

2.

Rest 1: 647 : 2
493 : 4
890 : 7

Rest 3: 939 : 6
783 : 5
626 : 7

Rest 5: 243 : 7
689 : 9
257 : 6

647 = 600 + 40 + 7
647 : 2 = 323 Rest 1
600 : 2 = 300
40 : 2 = 20
7 : 2 = 3 Rest 1

493 = 400 + 80 + 13
493 : 4 = 123 Rest 1
400 : 4 = 100
80 : 4 = 20
13 : 4 = 3 Rest 1

890 = 700 + 140 + 50
890 : 7 = 127 Rest 1
700 : 7 = 100
140 : 7 = 20
50 : 7 = 7 Rest 1

939 = 600 + 300 + 39
939 : 6 = 156 Rest 3
600 : 6 = 100
300 : 6 = 50
39 : 6 = 6 Rest 3

783 = 500 + 250 + 33
783 : 5 = 156 Rest 3
500 : 5 = 100
250 : 5 = 50
33 : 5 = 6 Rest 3

626 = 560 + 66
626 : 7 = 89 Rest 3
560 : 7 = 80
66 : 7 = 9 Rest 3

243 = 210 + 33
243 : 7 = 34 Rest 5
210 : 7 = 30
33 : 7 = 4 Rest 5

689 = 630 + 59
689 : 9 = 76 Rest 5
630 : 9 = 70
59 : 9 = 6 Rest 5

257 = 240 + 17
257 : 6 = 42 Rest 5
240 : 6 = 40
17 : 6 = 2 Rest 5